ドラゴンドリル

DRAGON WORKBOOK○○○○○○

小4 算数

JN028421

大昔，地球には強い力をもった
ドラゴンたちが生きていた。
しかしあるとき，ドラゴンたちは
ばらばらにされ，ふういんされてしまった…。
ドラゴンドリルは，
ドラゴンを ふたたび よみがえらせるための
アイテムである。

ここには，深い海にすむ
5ひきの「しんりゅう族」のドラゴンが
ふういんされているぞ。

ぼくのなかまを
ふっかつさせて！
ドラゴンマスターに
なるのはキミだ！

なかまドラゴン
ドラコ

もくじ

1

海底にひそむ不気味な光

アンクラー

えに シールを はって,
ドラゴンを ふっかつさせよう!

タイプ：みず・でんき

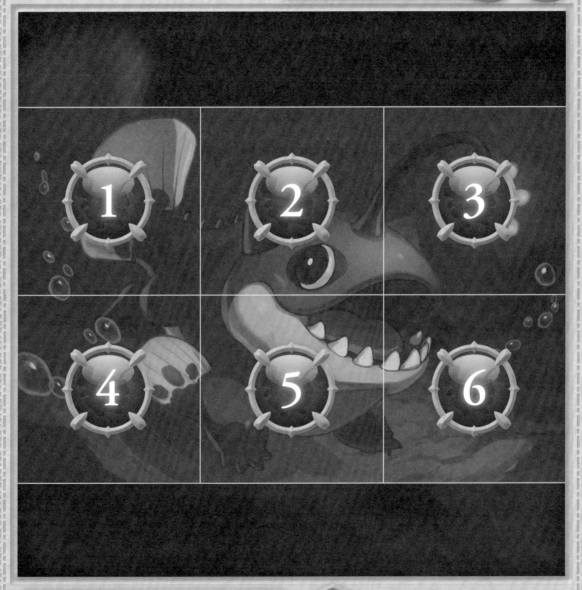

たいりょく ▮▮▮
こうげき ▮▮▮▮
ぼうぎょ ▮▮▮
すばやさ ▮▮

ひっさつわざ **ルナランタン**

頭の光で敵をくるわせ,
おぼれさせる。

ドラゴンずかん

なまえ	アンクラー
タイプ	みず・でんき
ながさ	1 メートル
おもさ	20 キログラム
すんでいる ところ	深海

頭の先や目からあやしい光を放つドラゴン。海底にすみ，うちわのような尾を横にふって泳ぐ。砂にひそみ，えものを待ちぶせることもある。一度えものにかみつくと，相手がどんなにもがいてもはなさない。

飛ぶように泳ぐ切りさきあくま

シュレード

えに シールを はって,
ドラゴンを ふっかつさせよう！

タイプ：みず

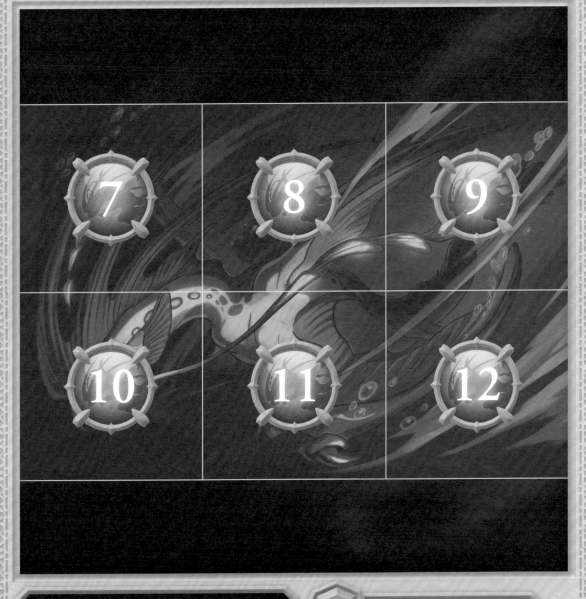

	たいりょく	▮▮▮▮▮▯▯▯▯▯
	こうげき	▮▮▮▮▮▮▮▯▯▯
	ぼうぎょ	▮▮▮▯▯▯▯▯▯▯
	すばやさ	▮▮▮▮▮▮▮▮▮▯

ひっさつわざ **デビルスライサー**

超高速で敵のまわりを泳ぎ,
頭のひれでやつざきにする。

ドラゴンずかん

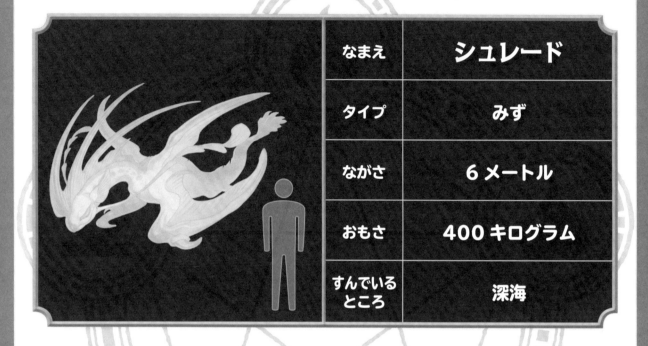

なまえ	シュレード
タイプ	みず
ながさ	6 メートル
おもさ	400 キログラム
すんでいるところ	深海

長い体をもち，とても速く泳ぐドラゴン。頭にするどい切れ味のひれをもつ。ざんにんな性格で，ようしゃなく敵をいためつける。

もう毒をかくしもつ まき貝ドラゴン

ゴルネイル

タイプ：みず・じめん

えに シールを はって，
ドラゴンを ふっかつさせよう！

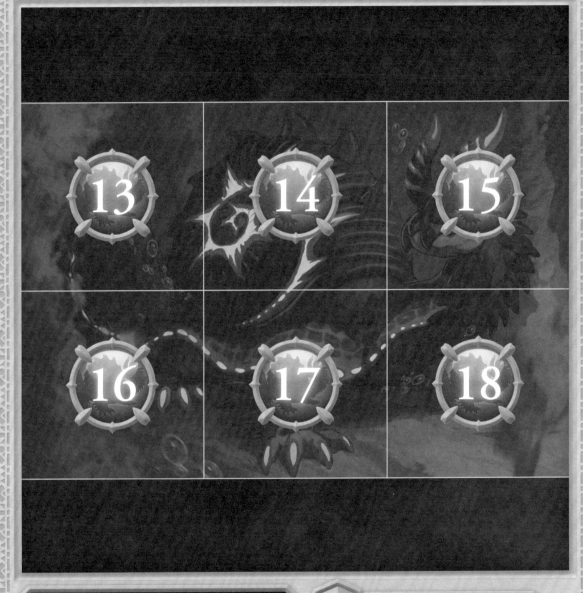

13	14	15
16	17	18

たいりょく ▮▮▮▮▮▮▮▯▯

こうげき ▮▮▮▮▮▯▯▯▯

ぼうぎょ ▮▮▮▮▮▮▮▯▯

すばやさ ▮▮▮▯▯▯▯▯▯

ひっさつわざ

マッドスモッグ

もう毒をふん射して，
あたり一面を毒の
水に変える。

ドラゴンずかん

なまえ	ゴルネイル
タイプ	みず・じめん
ながさ	10メートル
おもさ	35トン
すんでいる ところ	海底火山

背中に美しく光るからをもつドラゴン。体全体がかたく，どんなこうげきも防ぐ。動きはおそいが，もう毒をかくしもっており，うかつにこうげきすると反げきしてくるので注意。

4

海中をさまようぼうれい

ホエーデス

タイプ：みず・かぜ

えに シールを　はって，
ドラゴンを　ふっかつさせよう！

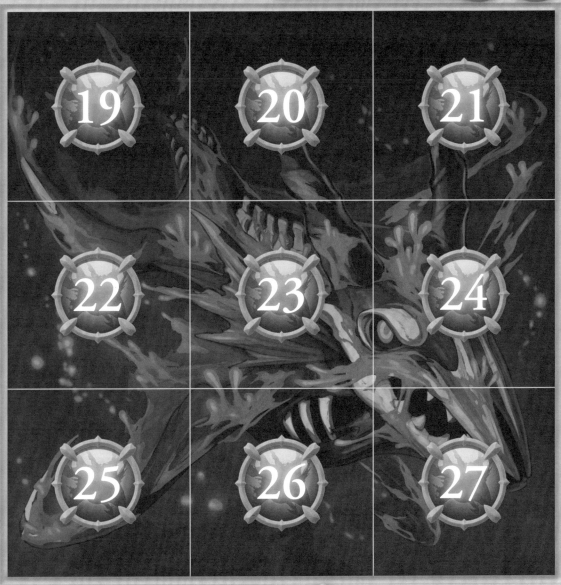

19	20	21
22	23	24
25	26	27

たいりょく ‖‖‖‖‖‖‖‖‖‖

こうげき ‖‖‖‖‖‖‖‖

ぼうぎょ ‖‖‖‖‖‖

すばやさ ‖‖‖‖‖

ひっさつわざ　**ヴォイドゾーン**

敵をにらみつけて
まひさせ，丸ごと
のみこんでしまう。

ドラゴンずかん

なまえ	ホエーデス
タイプ	みず・かぜ
ながさ	50メートル
おもさ	150トン
すんでいる ところ	深海

巨大な体をもつ，ほねがむき出しになったゾンビドラゴン。世界中の深海をさまよっている。もし出会ってしまったら，のみこまれて二度と出てくることはできないと言われている。

深海をしはいする 高貴なる君主

ヴァルバロン

えに シールを はって,
ドラゴンを ふっかつさせよう！

タイプ：みず

28	29	30
31	32	33
34	35	36

たいりょく ■■■■■■■■

こうげき ■■■■■■■■

ぼうぎょ ■■■■■■

すばやさ ■■■■

ひっさつわざ **しんえんからのよび声**

巨大なうず潮を起こし,
敵を海の深い場所へ
引きずりこむ。

ドラゴンずかん

なまえ	ヴァルバロン
タイプ	みず
ながさ	70メートル
おもさ	80トン
すんでいる ところ	深海

サメのようなするどい歯をもち，つばさのような前あしには，タコのようなしょく手がいくつもある。ほこり高い性格で，しんせいな海をけがすものをにくんでいる。

1 大きな数のかけ算

1 計算をしましょう。

数が大きくなっても，筆算の
しかたは小3のかけ算のとき
と同じだね。

①
```
      3 4 7
  ×   5 4 6
      2 0 8 2    ← 347×6
    1 3 8 8      ← 347×40
  1 7 3 5        ← 347×500
                 ← たす
```

②
```
      3 6 2
  ×   2 4 8
```

③
```
      6 5 3
  ×   3 9 5
```

④
```
    2 8 4
  × 6 3 7
```

⑤
```
    4 0 7
  × 2 5 9
```

⑥
```
    2 9 5
  × 3 0 6
```

2 次のかけ算を，筆算でくふうして計算しましょう。

① 3700 × 450

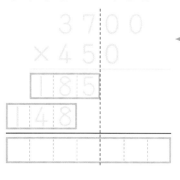

3700×450=37×100×45×10
　　　　　=37×45×100×10
　　　　　=37×45×1000
だから，0を省いて37×45を計算して，その積の右に，省いた0の数だけ0をつけます。

② 2600 × 30

③ 9400 × 50

④ 4600 × 120

⑤ 6900 × 370

⑥ 380 × 4300

⑦ 750 × 5800

ドラゴンのひみつ
しんりゅう族は，体に発光器官をもつ。敵と戦うときには，光を点めつさせていかくする。

答え合わせをしたら①のシールをはろう！

2 何十，何百のわり算

答え **89** ページ

1 計算をしましょう。

① $120 \div 3 =$ ┌ 40 ┐

120は10が12こだから，
12 ÷3＝4
10が4こ
だから，
120÷3＝□

② $60 \div 2 =$ □　　③ $80 \div 4 =$ □

④ $450 \div 5 =$ □

⑤ $\underset{\text{10が30こ}}{300} \div 6 =$ □

⑥ $900 \div 3 =$ ┌ 300 ┐

900は100が9こだから，
9 ÷3＝3
100が3こ
だから，
900÷3＝□

⑦ $800 \div 2 =$ □　　⑧ $600 \div 3 =$ □

⑨ $\underset{\text{100が42こ}}{4200} \div 6 =$ □

⑩ $\underset{\text{100が40こ}}{4000} \div 5 =$ □

② 計算をしましょう。

① 60 ÷ 3

② 80 ÷ 2

③ 40 ÷ 2

④ 90 ÷ 3

⑤ 240 ÷ 4

⑥ 350 ÷ 7

⑦ 360 ÷ 9

⑧ 480 ÷ 6

⑨ 300 ÷ 5

⑩ 400 ÷ 8

⑪ 600 ÷ 2

⑫ 800 ÷ 4

⑬ 400 ÷ 2

⑭ 1800 ÷ 3

⑮ 2100 ÷ 7

⑯ 3200 ÷ 4

⑰ 5600 ÷ 8

この調子で
がんばって！

⑱ 2000 ÷ 5

ドラゴンの
ひみつ

アンクラーは，海底の砂の中にもぐり，頭の
明かりだけを出して，えものをおびき寄せる。

答え合わせを
したら②の
シールをはろう！

3 2けた÷1けたの筆算①

1 計算をしましょう。

①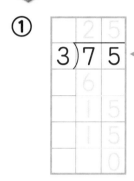

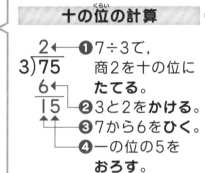

| 十の位の計算 | ➡ | 一の位の計算 |

十の位の計算

2
3)75
6
15

❶7÷3で，商2を十の位に**たてる**。
❷3と2を**かける**。
❸7から6を**ひく**。
❹一の位の5を**おろす**。

一の位の計算

25
3)75
6
15
15
0

❺15÷3で，商5を一の位に**たてる**。
❻3と5を**かける**。
❼15から15を**ひく**。

②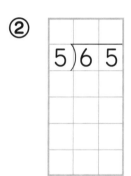

5)65

③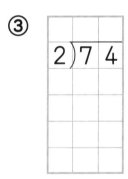

2)74

④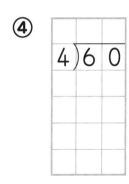

4)60

⑤

3)84

⑥

6)96

⑦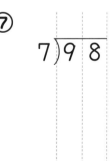

7)98

② 計算をしましょう。

①
$$4\overline{)62}$$

← 商の一の位は，22÷4で，5をたてる。

← 4×5=20

← 22−20=2

あまり

あまりがあっても，筆算のしかたは同じだね。また，あまりは，わる数より小さくなるよ。気をつけて！

②
$$3\overline{)71}$$

③
$$5\overline{)83}$$

④
$$2\overline{)55}$$

③ **②**のけん算（答えのたしかめ）をしましょう。

①
$$\boxed{4} \times \boxed{15} + \boxed{2} = \boxed{62}$$

わる数　　商　　あまり　　わられる数

②～④も，わられる数になったかな？

②
$$\boxed{} \times \boxed{} + \boxed{} = \boxed{}$$

③
$$\boxed{} \times \boxed{} + \boxed{} = \boxed{}$$

④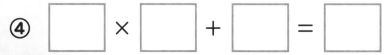
$$\boxed{} \times \boxed{} + \boxed{} = \boxed{}$$

ドラゴンのひみつ アンクラーは，短いあしでペタペタとはねるように海底を歩く。

答え合わせをしたら③のシールをはろう！

1　計算をしましょう。

①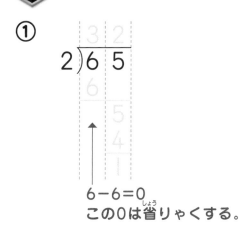

$2\overline{)65}$

$6-6=0$
この0は省りゃくする。

②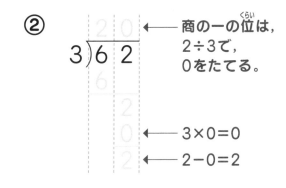

$3\overline{)62}$

← 商の一の位は、2÷3で、0をたてる。

← 3×0=0
← 2-0=2

③ $5\overline{)58}$　④ $3\overline{)96}$　⑤ $6\overline{)67}$

⑥ $2\overline{)81}$　⑦ $7\overline{)74}$　⑧ $4\overline{)80}$

2 計算をしましょう。

これまでのわり算の練習だよ。

① 2)78　　　② 8)96

③ 5)92　　　④ 3)70　　　⑤ 6)81

⑥ 2)84　　　⑦ 4)49　　　⑧ 3)90

3 63本の矢を，1人に6本ずつ配ると，何人に分けられて，何本あまりますか。

〈筆算〉

（式）

答え

5 3けた÷1けたの筆算①

1 計算をしましょう。

①
$$3\overline{)817}$$

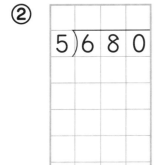

百の位の計算	➡	十の位の計算	➡	一の位の計算

$$\begin{array}{r} 2 \\ 3\overline{)817} \\ \underline{6} \\ 2 \end{array}$$

$$\begin{array}{r} 27 \\ 3\overline{)817} \\ \underline{6} \\ 21 \\ 21 \end{array}$$

$$\begin{array}{r} 272 \\ 3\overline{)817} \\ \underline{6} \\ 21 \\ \underline{21} \\ 7 \\ \underline{6} \\ 1 \end{array}$$

筆算のしかたは，これまでと同じです。

②
$$5\overline{)680}$$

③
$$2\overline{)551}$$

④
$$6\overline{)822}$$

⑤
$$3\overline{)651}$$

⑥
$$5\overline{)758}$$

⑦
$$2\overline{)469}$$

2 計算をしましょう。

① 2)958　　② 5)837　　③ 3)714

④ 8)969　　⑤ 4)870　　⑥ 3)936

3 計算をしましょう。また，けん算もしましょう。

7)997　　（けん算）

□　＝　□

よく
がんばったね。
えらい！

6 3けた÷1けたの筆算②

① 計算をしましょう。

① 5)753 ⟶ 5)753

0を書きわすれない
ように注意する。

← 書かなく
てよい。

かんたんな計算のしかた
商に0をたてたとき
のとちゅうの計算（▢
の部分）は，省りゃく
して計算できます。

② 4)812 ⟶ 4)812

0を書きわすれない
ように注意する。

← 書かなく
てよい。

③，④は，かんたんな
しかたで計算しよう。

③ 3)932　　④ 6)633

23

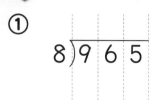

2 かんたんなしかたで計算しましょう。

①

$8)\overline{965}$

②

$3)\overline{627}$

③

$6)\overline{652}$

④

$5)\overline{950}$

⑤

$2)\overline{604}$

⑥

$4)\overline{803}$

3 840このほう石を同じ数ずつ分けて，8つのふくろに入れます。1つのふくろに，何こずつ入れればよいですか。

〈筆算〉

（式）

答え

 計算をしましょう。

①

$$5\overline{)265}$$

百の位の計算	→	十の位の計算	→	一の位の計算
$5\overline{)265}$		$5\overline{)\begin{array}{c}5\\265\\25\\\hline1\end{array}}$		$5\overline{)\begin{array}{c}53\\265\\25\\\hline15\\15\\\hline0\end{array}}$
2÷5なので，百の位に商はたたない。		次の位の数もふくめ，26÷5で，商5をたてる。		5をおろし，15÷5で，商3をたてる。

② $6\overline{)345}$

③ $4\overline{)344}$

④ $9\overline{)381}$

⑤ $2\overline{)128}$

⑥ $8\overline{)484}$

⑥は，一の位に0がたつよ。かんたんなしかたで計算しよう。

25

2 商が何の位からたつかに注意して，計算をしましょう。

①
$$9\overline{)750}$$

②
$$3\overline{)471}$$

③
$$6\overline{)291}$$

④
$$8\overline{)848}$$

⑤
$$4\overline{)289}$$

⑥
$$7\overline{)560}$$

3 オオカミが228ひき，ドラゴンが6ぴきいます。オオカミの数は，ドラゴンの数の何倍ですか。

〈筆算〉

（式）

答え

ドラゴンの
ひみつ

シュレードはとても速く泳ぐ。最高速度を出すと，だれも追いつけない。

答え合わせを
したら⑦の
シールをはろう！

26

8 小数のしくみ

1 右の水のかさは全部で何L
ですか。□にあてはまる小
数を書きましょう。

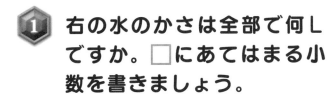

① 1めもりは，0.1Lの $\frac{1}{10}$ で，□ Lです。

② 水のかさは，

0.1 Lが2こ… 0.2L

0.01Lが4こ…㋐□ L

あわせて，㋑□ L

2 425mは何kmですか。□にあてはまる小数を書き
ましょう。

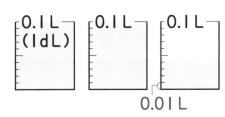

1000mが
1kmだね。

① 100mは，1　km の $\frac{1}{10}$ …0.1　km

10mは，0.1　km の $\frac{1}{10}$ …0.01km

1mは，0.01km の $\frac{1}{10}$ …□ km

② 425mは，

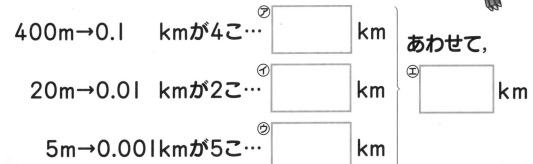

400m→0.1　kmが4こ…㋐□ km

20m→0.01　kmが2こ…㋑□ km

5m→0.001kmが5こ…㋒□ km

あわせて，

㋓□ km

3 次の□にあてはまる数を書きましょう。

① 0.5と0.07と0.002をあわせた数は， □ です。

② 1を6こ，0.1を2こ，0.01を8こ，0.001を4こ
あわせた数は， □ です。

③ 1.23は，0.01を □ こ集めた数です。

④ 0.01を350こ集めた数は， □ です。

⑤ 0.465は，0.001を □ こ集めた数です。

⑥ 0.001を1368こ集めた数は， □ です。

4 次の①の数を10倍，100倍した数，②の数を$\frac{1}{10}$，
$\frac{1}{100}$にした数をそれぞれ書きましょう。

① 0.18

10倍 ···· □

100倍··· □

くらい位	十	・	$\frac{1}{10}$	$\frac{1}{100}$
		1	8	
		1・8		
	0・1	8		

10倍すると，位は1つずつ
上がり，$\frac{1}{10}$にすると，位は
1つずつ下がります。

② 25

$\frac{1}{10}$··· □ $\frac{1}{100}$··· □

ドラゴンの
ひみつ

シュレードは，頭のするどいひれで敵を切り
さく。相手は気づかないうちに切られている。

答え合わせを
したら⑧の
シールをはろう！

28

9 小数のたし算の筆算

① 計算をしましょう。

①
```
  2.73
+ 0.52
-------
  3 2 5
```

❶位をそろえて書く。
❷整数のたし算と同じように計算する。
❸上の小数点にそろえて，和の小数点をうつ。

②
```
  4.29
+ 0.46
-------
```

③
```
  5.97
+ 2.38
-------
```

④
```
  1.63
+ 5.37
-------
  7 0 0
```

7.00は7と等しいので，終わりの0はななめの線で消す。答えは7。

⑤
```
  2.58
+ 7.6
-------
```

7.6は「7.60」と考える。

⑥
```
  18.9
+  6.52
-------
```

←18.9は「18.90」と考える。

けた数がふえても，同じように計算できるよ。

⑦
```
  0.486
+ 0.234
-------
```

一の位が0のときは0を書く。

終わりの0はななめの線で消す。

⑧
```
  2.538
+ 5.7
-------
```

2 計算をしましょう。

①
```
  0.84
+ 5.62
```

②
```
  5.64
+ 3.79
```

③
```
  9.92
+ 0.78
```

④
```
  1.15
+ 4.85
```

⑤
```
  7
+ 4.38
```

⑥
```
  9.8
+ 2.85
```

⑦
```
   3.4
+ 23.89
```

⑧
```
  0.159
+ 0.691
```

⑨
```
  5.8
+ 0.736
```

3 次の計算を筆算でしましょう。

① $1.48 + 6.45$

② $19 + 4.52$

位をそろえて書くことに注意しよう。

③ $23.57 + 5.47$

④ $0.698 + 2.6$

1 計算をしましょう。

①
```
  6.2 7
− 1.9 5
───────
  4.3 2
```

小数のひき算の筆算も，たし算と同じように位をそろえて書いて計算するよ。

②
```
  5.8 3
− 2.2 5
───────
```

③
```
  4.5 1
− 3.8 4
───────
```
一の位が0のときは0を書く。

④
```
  5.4 8
− 0.9 8
───────
```
終わりの0はななめの線で消す。

21は「21.00」と考える。

⑤
```
  9.1 6
− 5.7
───────
```
←5.7は「5.70」と考える。

⑥
```
  2 1
−    2.6 5
───────
```

3.59は「3.590」と考える。

⑦
```
  6.5 3 6
− 2.6 7 4
─────────
```

⑧
```
  3.5 9
− 2.9 3 8
─────────
```
一の位が0のときは0を書く。

2 計算をしましょう。

①
$$\begin{array}{r} 7.08 \\ -2.43 \\ \hline \end{array}$$

②
$$\begin{array}{r} 5.71 \\ -4.96 \\ \hline \end{array}$$

③
$$\begin{array}{r} 4.49 \\ -0.79 \\ \hline \end{array}$$

④
$$\begin{array}{r} 2.52 \\ -1.72 \\ \hline \end{array}$$

⑤
$$\begin{array}{r} 5.04 \\ -3.9 \\ \hline \end{array}$$

⑥
$$\begin{array}{r} 9.3 \\ -4.37 \\ \hline \end{array}$$

⑦
$$\begin{array}{r} 10.3 \\ -2.41 \\ \hline \end{array}$$

⑧
$$\begin{array}{r} 3.421 \\ -0.58 \\ \hline \end{array}$$

⑨
$$\begin{array}{r} 5.72 \\ -5.648 \\ \hline \end{array}$$

3 次の計算を筆算でしましょう。

① $8.56 - 7.59$ ② $11.7 - 8.83$

よく
がんばったね。
この調子！

③ $9 - 3.25$ ④ $7.9 - 0.816$

ドラゴンのたからをさがせ！

月　日

答え 96 ページ

1 同じ答えになるわり算を見つけて，◆を直線でつなぎましょう。3本の直線で囲まれたたからを，手にいれられます。

$2\overline{)94}$

$4\overline{)424}$

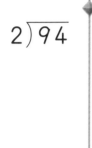

$7\overline{)266}$

$9\overline{)342}$

$3\overline{)111}$

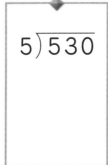

$5\overline{)530}$

$6\overline{)282}$

②　同じ答えになる計算を見つけて，◆を直線でつなぎましょう。4本の直線で囲まれたものが，ドラゴンの守る水しょうです。

$$3.74 + 2.73$$

$$10.29 - 4.89$$

$$5.29 + 0.18$$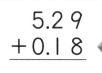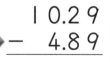

$$8.2 - 1.66$$

$$1.62 + 3.78$$

$$9.02 - 2.55$$

$$4.7 + 1.84$$

$$20.4 - 3.83$$

$$8.67 + 7.9$$

$$8 - 2.53$$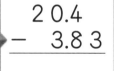

アンクラー

34

11 何十でわる計算

答え **91** ページ

1 計算をしましょう。

① 80 ÷ 20 = ☐4☐

> 10 10 10 10 10 10 10 10
>
> 10をもとにして考えると，80÷20 の商は，8÷2の計算で求められます。
>
> 8 ÷2 ＝4 ←
> 80÷20＝4 ← 等しい

② 60 ÷ 30 = ☐　　　③ 120 ÷ 40 = ☐

④ 420 ÷ 70 = ☐　　　⑤ 400 ÷ 80 = ☐

⑥ 90 ÷ 20 = ☐4☐ あまり ☐10☐

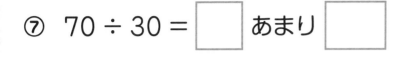

> 10 10 10 10 10 10 10 10 10
> 10が1こあまる。
>
> 10をもとにして考えると，
> 9 ÷2 ＝4あまり 1 ← 10が1こ
> 90÷20＝4あまり10

⑦ 70 ÷ 30 = ☐ あまり ☐

> ⑥のけん算をすると，
> 20×4＋10＝90
> だから，正しいね。

⑧ 170 ÷ 50 = ☐ あまり ☐

⑨ 400 ÷ 60 = ☐ あまり ☐

35

2 計算をしましょう。

① $90 \div 30$

② $80 \div 40$

③ $350 \div 50$

④ $180 \div 20$

⑤ $320 \div 80$

⑥ $480 \div 80$

⑦ $810 \div 90$

⑧ $280 \div 70$

⑨ $300 \div 60$

⑩ $400 \div 50$

3 計算をしましょう。

① $70 \div 20$

② $100 \div 40$

③ $380 \div 70$

④ $480 \div 50$

⑤ $200 \div 30$

⑥ $410 \div 90$

今日も
がんばったね！

ドラゴンの ひみつ シュレードのオスは，体の赤い部分を明るく発光させて，メスにアピールする。

答え合わせを したら⑪の シールをはろう！

12 2けた÷2けたの筆算①

 計算をしましょう。

①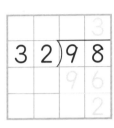

> 98を90，32を30とみて，90÷30より，商は3と見当をつけます。
>
> | ❶見当をつけた商の3を，一の位(くらい)にたてる。 | ❷32と3をかける。 | ❸98から96をひく。 |
> |---|---|---|
> | $\begin{array}{r} 3 \\ 32\overline{)98} \end{array}$ | $\begin{array}{r} 3 \\ 32\overline{)98} \\ 96 \end{array}$ | $\begin{array}{r} 3 \\ 32\overline{)98} \\ \underline{96} \\ 2 \end{array}$ |

② 21)42

③ 12)37

④ 34)73

⑤ 24)72

⑥ 45)93

⑦ 53)61

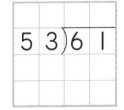

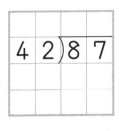 **計算をしましょう。また，けん算もしましょう。**

42)87

（けん算）

$$\boxed{} \times \boxed{} + \boxed{} = \boxed{}$$

わる数　　商　　あまり　　わられる数

3 計算をしましょう。

① 23)6 9

② 40)8 2

1けたの数でわる筆算と同じように、たてる→かける→ひくで計算できるね。

③ 12)4 8

④ 22)9 1

⑤ 25)7 5

⑥ 37)8 0

⑦ 64)8 2

4 計算をしましょう。また、けん算もしましょう。

① 31)6 7

（けん算）

☐ = ☐

② 23)7 3

（けん算）

☐ = ☐

ドラゴンの ひみつ シュレードはふだんは深海にいるが、満月のときは産卵のために海面近くに上がってくる。

答え合わせをしたら⑫のシールをはろう！

13 2けた÷2けたの筆算②

月　日

答え **91** ページ

1 計算をしましょう。

① 23)83

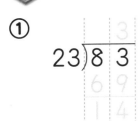

❶83を80，23を20と
みて，80÷20より，
商は4と見当をつける。

❷見当をつけた商が大
きすぎたら，商を小
さくしていく。

　　　　４　　　　小さくする　　　　３
23)83　大きすぎた　　　23)83
92　　　　　　　　　　　69
　　　　　　　　　　　　14
ひけない

② 13)52

③ 32)93

④ 14)65

⑤ 18)74

❶74を70，18を20と
みて，70÷20より，
商は3と見当をつける。

❷見当をつけた商が小
さすぎたら，商を大
きくしていく。

　　　　３　　　　大きくする　　　　４
18)74　小さすぎた　　　18)74
54　　　　　　　　　　　72
20　わる数より　　　　　 2
　　大きい

⑥ 27)81
↑
30と
みる。

⑦ 48)98
↑
50と
みる。

⑧ 19)78
↑
20と
みる。

39

② 計算をしましょう。

① $12\overline{)56}$

② $34\overline{)95}$

③ $23\overline{)63}$

④ $24\overline{)91}$

⑤ $14\overline{)70}$

⑥ $32\overline{)62}$

⑦ $13\overline{)86}$

⑧ $38\overline{)78}$

⑨ $16\overline{)84}$

⑩ $29\overline{)87}$

⑪ $17\overline{)74}$

⑫ $26\overline{)83}$

⑬ $19\overline{)95}$

ゆっくりで
だいじょうぶ
だよ。

**ドラゴンの
ひみつ**　ゴルネイルは熱い水を好み，海底火山の近くにすんでいる。

答え合わせを
したら⑬の
シールをはろう！

2けた÷2けたの筆算③

答え **91** ページ

1 計算をしましょう。

① 25)83

商の見当をつけるとき，わる数25は20とみても
30とみてもよいです。

●25を20とみる。

```
   4  小さくする → 3
25)83        25)83
100            75
ひけない         8
```

●25を30とみる。

```
   2  大きくする → 3
25)83        25)83
  50           75
  33            8
25より大きい
```

② 15)48

③ 25)62

④ 15)90

⑤ 24)97
↑
20と
みる。

わる数が大きい何十と小さい何十
のどちらに近いかを考えて，商の
見当をつけるといいよ。
24は，30より20に近いね。

⑥ 16)61
↑
20と
みる。

⑦ 34)75

⑧ 26)92

② 計算をしましょう。

① $15 \overline{)51}$

② $25 \overline{)71}$

③ $15 \overline{)65}$

④ $23 \overline{)75}$

⑤ $36 \overline{)82}$

⑥ $17 \overline{)63}$

⑦ $14 \overline{)59}$

⑧ $27 \overline{)62}$

⑨ $13 \overline{)78}$

③ 15このほう石でかざりを1つ作ります。
ほう石が80こあるとき、かざりは
いくつ作れますか。

〈筆算〉

（式）

答え

ドラゴンの ひみつ　ゴルネイルは、海底のがけのように険しい場所でも、大きなツメでつかんで歩くことができる。

答え合わせをしたら⑭のシールをはろう！

15 3けた÷2けたの筆算①

 計算をしましょう。

①
$$24\overline{)176}$$

❶17は24より小さいので，十の位に商はたたない。

$$24\overline{)176}\;\square\leftarrow$$

商は一の位にたつ。

❷176を170，24を20とみて，170÷20より，商は8と見当をつける。

小さくする →

$$\begin{array}{r}8\\24\overline{)176}\\192\end{array}\qquad\begin{array}{r}7\\24\overline{)176}\\168\\\hline 8\end{array}$$

ひけない

②
$$53\overline{)212}$$

③
$$72\overline{)365}$$

④
$$63\overline{)486}$$

⑤
$$34\overline{)125}$$

⑥
$$47\overline{)235}$$

⑦
$$18\overline{)113}$$

⑧
$$21\overline{)203}$$

⑧で商の見当をつけると，200÷20で10だね。でも，203は21の10倍の210より小さいから，商は9と見当をつけよう。

43

2 計算をしましょう。

① $43\overline{)172}$

② $89\overline{)276}$

③ $23\overline{)110}$

④ $64\overline{)422}$

⑤ $36\overline{)293}$

⑥ $58\overline{)290}$

⑦ $45\overline{)327}$

⑧ $32\overline{)312}$

⑨ $13\overline{)111}$

3 120本のけんを，1箱に16本ずつ入れていきます。全部のけんを入れるには，箱は何箱あればよいですか。

〈筆算〉

（式）

答え

ドラゴンのひみつ

ゴルネイルの体は黒い金属（きんぞく）でおおわれていて，高い防（ぼう）ぎょ力をほこる。

答え合わせをしたら⑮のシールをはろう！

1 計算をしましょう。

①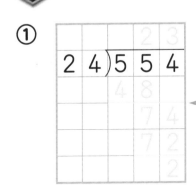

24)554

百の位の計算	十の位の計算	一の位の計算
5÷24なので百の位に商はたたない。	55÷24で,商2をたてる。	4をおろし,74÷24で,商3をたてる。

24)554

```
      2
24)554
   48
    7
```

```
     23
24)554
   48
   74
   72
    2
```

② 53)848

③ 32)913

④ 17)773

⑤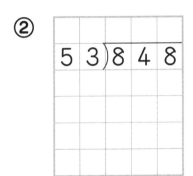

23)702

商に0をたてたときのとちゅうの計算は,省りゃくして計算できます。

```
      30  ←商の一の位は,
23)702    12÷23で,
   69     0がたつ。
   12
   00  ←書かなくて
   12     よい。
```

⑥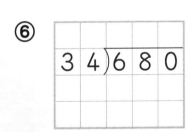

34)680

⑦ 18)905

⑧ 26)790

② 計算をしましょう。

① $62\overline{)992}$

② $16\overline{)696}$

③ $13\overline{)756}$

④ $25\overline{)880}$

⑤ $37\overline{)740}$

⑥ $18\overline{)730}$

③ 商がたつ位に注意して，計算をしましょう。

① $33\overline{)273}$

② $42\overline{)590}$

③ $56\overline{)574}$

④ $29\overline{)208}$

たくさん
がんばったね。
この調子！

ドラゴンの
ひみつ

ゴルネイルは，成長するにしたがって，背
中のからが次第に大きくなる。

答え合わせを
したら⑯の
シールをはろう！

17 大きな数のわり算の筆算

月　　日

答え **92** ページ

1 計算をしましょう。

①

$$23 \overline{)5405}$$

54は23より大きいので，
商は百の位からたつ。

わられる数が4けたに
なっても，筆算のしか
たは同じだよ。

②

$$46 \overline{)7552}$$

③

$$14 \overline{)3825}$$

④

$$27 \overline{)5593}$$

商に0をたてたとき
のとちゅうの計算は，
省りゃくして計算で
きる。

14は32より小さいので，
商は百の位にたたない。

⑤

$$32 \overline{)1472}$$

⑥

$$58 \overline{)3951}$$

⑦

$$49 \overline{)2952}$$

②　計算をしましょう。

① 235)712　← 712を700，235を200とみて，700÷200から商の見当をつける。

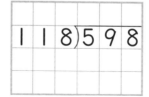
わる数が3けたになっても，筆算のしかたは同じだよ。

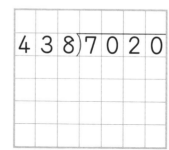

② 349)698

③ 118)598

④ 126)653

⑤ 293)883

⑥ 157)628

787は246より大きいので，商は十の位からたつ。
↓

⑦ 246)7872

⑧ 438)7020

⑨ 185)7964

⑩ 327)6554

ドラゴンのひみつ　ゴルネイルが危険を察知すると，背中のからがいつもより明るく光る。

答え合わせをしたら⑰のシールをはろう！

18 わり算のせいしつとくふう

1 計算をしましょう。

① $15 \div 5 = \boxed{}$

　　　↓ ×4　　↓ ×4

　$60 \div 20 = \boxed{}$

　　　↓ ÷10　　↓ ÷10

　$6 \div 2 = \boxed{}$

> **わり算のせいしつ**
>
> わり算では，
> わられる数とわる数に同じ数をかけても，わられる数とわる数を同じ数でわっても，商は変わらない。

② $150 \div 25 = \boxed{}$

　　↓ ×4　　　↓ ×4

$\boxed{} \div \boxed{} = \boxed{}$

③ $2100 \div 300 = \boxed{}$

　　　↓ ÷100　　　↓ ÷100

$\boxed{} \div \boxed{} = \boxed{}$

2 わり算のせいしつを使って，くふうして計算しましょう。

① $800 \div 400$

② $5600 \div 700$

③ $3000 \div 500$

④ $27万 \div 9万$

⑤ $60 \div 15$

⑥ $400 \div 25$

③ わり算のせいしつを使って，くふうして計算しましょう。

①
$$400\overline{)5900}$$

● 終わりに0のある数のわり算は，わられる数とわる数の0を同じ数ずつ消してから計算できます。
● あまりを求めるときは，消した0の数だけあまりに0をつけます。

②
$$20\overline{)520}$$

③
$$700\overline{)9500}$$

④
$$300\overline{)8000}$$

⑤
$$80\overline{)5600}$$

⑥
$$60\overline{)5200}$$

これで半分終わったよ。残りもがんばろう。

ドラゴンの
ひみつ

ゴルネイルは，こうげきされると皮ふから
もう毒をふん射して反げきする。

答え合わせを
したら⑱の
シールをはろう！

計算のじゅんじょ

答え **92** ページ

1 計算をしましょう。

① $270 + (230 - 30)$

$= 270 + \boxed{}$

$= \boxed{}$

> **計算のじゅんじょ**
> ●ふつうは，左からじゅんに計算する。
> ●（ ）がある式では，（ ）の中を先に計算する。
> ●×や÷は，＋や－より先に計算する。

② $180 - 25 \times 4$

$= 180 - \boxed{}$

$= \boxed{}$

> 式をよく見て，はじめに計算のじゅんじょを考えてから計算していこう。

③ $23 \times 3 + 15 \times 4 = \boxed{} + 15 \times 4$

$= 69 + \boxed{}$

$= \boxed{}$

④ $50 - (30 + 15 \div 3) = 50 - (30 + \boxed{})$

$= 50 - \boxed{}$

$= \boxed{}$

2 計算をしましょう。

① $400 - (180 + 60)$ ② $(270 - 90) \div 15$

③ $120 + 32 \times 5$ ④ $140 - 70 \div 14$

⑤ $21 + 14 \times 3 \div 7$

⑥ $97 - (17 + 13) \times 3$

⑦ $(130 - 13 \times 4) \div 6$

3 120ページあるドラゴンの本を，1日に18ページずつ5日間読みました。残りは何ページありますか。1つの式に表し，答えを求めましょう。

（式）

答え

1 計算のきまりを使って，くふうして計算しましょう。

① 57 ＋ 98 ＋ 43

=57 ＋ 43 ＋ 98

= [　　　] ＋ 98

= [　　　]

計算のきまり

■＋●=●＋■

■×●=●×■

(■＋●)＋▲=■＋(●＋▲)

(■×●)×▲=■×(●×▲)

(■＋●)×▲=■×▲＋●×▲

(■－●)×▲=■×▲－●×▲

② 24 × 7 ＋ 36 × 7

=([　　　] ＋ 36) × 7

= [　　　] × 7

= [　　　]

③ 86 × 9 － 56 × 9

=(86 － [　　　]) × 9

= [　　　] × 9

= [　　　]

④ 102 × 15

=(100 ＋ 2) × 15

=100 × 15 ＋ [　　　] × 15

= [　　　] ＋ [　　　]

= [　　　]

⑤ 99 × 27

=(100 － 1) × 27

=100 × [　　　] － 1 × 27

= [　　　] － [　　　]

= [　　　]

② 計算のきまりを使って，くふうして計算しましょう。

① $25 \times 47 \times 4$

25×4=100
125×8=1000
だよ。
覚えておこう。

② $78 + 86 + 22$

③ $8 \times 39 \times 125$

④ $57 \times 6 + 43 \times 6$

⑤ $79 \times 8 - 73 \times 8$

⑥ 104×25

⑦ 98×45

ドラゴンの
ひみつ

ホリエールに，緑色に光るアメーバ状の生物
が寄生し，よみがえってホエーデスになった。

答え合わせを
したら⑳の
シールをはろう！

まとめテスト①

1 計算をしましょう。

①
$$\begin{array}{r} 674 \\ \times 578 \\ \hline \end{array}$$

②
$$\begin{array}{r} 403 \\ \times 236 \\ \hline \end{array}$$

③
$$\begin{array}{r} 865 \\ \times 407 \\ \hline \end{array}$$

2 計算をしましょう。

①
$$4\overline{)98}$$

②
$$3\overline{)771}$$

③
$$7\overline{)340}$$

3 次の計算を筆算でしましょう。

① $6.78 + 8.42$

② $10.3 - 9.62$

4 計算をしましょう。

① ② ③

$$24\overline{)86}\qquad 78\overline{)468}\qquad 15\overline{)713}$$

④ ⑤ ⑥

$$27\overline{)825}\qquad 174\overline{)696}\qquad 327\overline{)8352}$$

5 計算をしましょう。

① $90 \div 3 + 15 \times 4$　　② $50 + (48 - 18 \div 3)$

6 計算のきまりを使って，くふうして計算しましょう。

① $4 \times 57 \times 25$　　② 98×35

答え合わせを
したら㉑の
シールをはろう！

22 分数のしくみ

月　日

答え **93** ページ

1 次の分数を，真分数，仮分数，帯分数に分けて記号で答えましょう。

$\boxed{ア}$ $\dfrac{2}{2}$　　$\boxed{イ}$ $1\dfrac{3}{5}$　　$\boxed{ウ}$ $\dfrac{6}{7}$　　$\boxed{エ}$ $\dfrac{5}{3}$

真分数…

仮分数…

帯分数…

> 真分数…分子が分母より小さい分数
>
> 仮分数…分子と分母が同じか，分子が分母より大きい分数
>
> 帯分数…整数と真分数の和で表されている分数

2 下の数直線で，$\boxed{ア}$のめもりが表す分数について，次の□にあてはまる数を書きましょう。

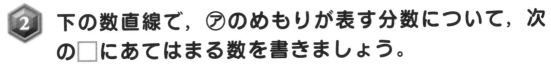

0　$\dfrac{1}{5}$　　　　　　1　　　　　　　　　2

$\boxed{ア}$

① 1と □ をあわせた数だから，

帯分数で □ と表せます。

> 1より大きい分数は，帯分数と仮分数の2つの表し方があるんだね。

② $\dfrac{1}{5}$の □ こ分だから，仮分数で □ と

表せます。

57

③ 下の数直線で，㋐，㋑のめもりが表す分数を，帯分数と仮分数で書きましょう。

$$0 \quad \frac{1}{7} \qquad\qquad 1 \qquad\qquad\qquad 2$$

㋐　帯分数… ☐ 　　　㋑　帯分数… ☐

　　仮分数… ☐ 　　　　　仮分数… ☐

④ 帯分数は仮分数に，仮分数は帯分数か整数になおしましょう。

① $2\dfrac{3}{5} = \boxed{\dfrac{13}{5}}$

> 2…$\frac{1}{5}$が(5×2)こ 　　5×2+3=13
> $\frac{3}{5}$…$\frac{1}{5}$が3こ 　　$2\frac{3}{5}=\dfrac{13}{5}$

② $1\dfrac{1}{2} = \boxed{}$ 　③ $2\dfrac{3}{4} = \boxed{}$ 　④ $3\dfrac{2}{7} = \boxed{}$

⑤ $\dfrac{5}{3} = \boxed{1\dfrac{2}{3}}$

> $\frac{5}{3}$に$\frac{3}{3}$(1)が何こ分あるかを考えます。 　　5÷3=1あまり2
> $\frac{5}{3}=1\dfrac{2}{3}$

⑥ $\dfrac{5}{4} = \boxed{}$ 　⑦ $\dfrac{19}{8} = \boxed{}$ 　⑧ $\dfrac{15}{5} = \boxed{}$

整数になる。

ドラゴンのひみつ　実は緑色のアメーバ状の生物のほうが，ホエーデスの本体なのかもしれない。

答え合わせをしたら㉒のシールをはろう！

23 **仮分数のたし算とひき算**

月　日

答え **93** ページ

1 計算をしましょう。

① $\dfrac{3}{5} + \dfrac{4}{5} = \dfrac{7}{5}$ ← 3+4

← 分母はそのまま

$\left(= 1\dfrac{2}{5} \right)$

答えは仮分数のままでいいけど，帯分数になおすと，大きさがわかりやすいね。

② $\dfrac{5}{8} + \dfrac{4}{8} = \dfrac{\square}{\square}$

③ $\dfrac{3}{7} + \dfrac{9}{7} = \dfrac{\square}{\square}$

④ $\dfrac{5}{4} + \dfrac{6}{4} = \dfrac{\square}{\square}$

⑤ $\dfrac{4}{3} + \dfrac{5}{3} = \dfrac{\square}{\square} = \square$

整数になおせるときは，整数にする。

⑥ $\dfrac{9}{6} - \dfrac{4}{6} = \dfrac{5}{6}$ ← 9-4

← 分母はそのまま

⑦ $\dfrac{6}{4} - \dfrac{3}{4} = \dfrac{\square}{\square}$

⑧ $\dfrac{14}{8} - \dfrac{3}{8} = \dfrac{\square}{\square}$

⑨ $\dfrac{7}{3} - \dfrac{4}{3} = \dfrac{\square}{\square} = \square$

整数になおす。

⑩ $\dfrac{13}{4} - \dfrac{5}{4} = \dfrac{\square}{\square} = \square$

整数になおす。

59

2 計算をしましょう。

① $\dfrac{7}{9} + \dfrac{4}{9}$

② $\dfrac{2}{3} + \dfrac{5}{3}$

③ $\dfrac{5}{6} + \dfrac{8}{6}$

④ $\dfrac{8}{5} + \dfrac{7}{5}$

⑤ $\dfrac{9}{8} - \dfrac{6}{8}$

⑥ $\dfrac{7}{4} - \dfrac{3}{4}$

⑦ $\dfrac{17}{7} - \dfrac{9}{7}$

⑧ $\dfrac{11}{3} - \dfrac{5}{3}$

3 町からドラゴンのいる谷までは $\dfrac{11}{5}$ kmあります。
ゆうきさんたちは，町からこの谷に向かって，$\dfrac{3}{5}$ km
歩きました。谷までは，あと何kmありますか。

（式）

答え

**ドラゴンの
ひみつ**　ホエーデスの体の内側（うちがわ）は，底（そこ）なしのやみに
なっている。

答え合わせを
したら㉓の
シールをはろう！

24 帯分数のたし算

月　日

① 計算をしましょう。

① $1\dfrac{2}{4} + 2\dfrac{1}{4} = \boxed{3}\dfrac{\boxed{3}}{\boxed{4}}$

> 整数部分と分数部分に分けて計算します。
>
>

② $2\dfrac{3}{7} + 1\dfrac{2}{7} = \boxed{}\dfrac{\boxed{}}{\boxed{}}$

> 帯分数を仮分数になおして計算してもいいよ。
>
> $1\dfrac{2}{4} + 2\dfrac{1}{4} = \dfrac{6}{4} + \dfrac{9}{4}$
>
> $= \dfrac{15}{4}\left(3\dfrac{3}{4}\right)$

③ $1\dfrac{3}{9} + \dfrac{5}{9} = \boxed{}\dfrac{\boxed{}}{\boxed{}}$

④ $1\dfrac{4}{5} + \dfrac{3}{5} = \boxed{}\dfrac{\boxed{7}}{\boxed{5}}$

$= \boxed{2}\dfrac{\boxed{2}}{\boxed{5}}$

> 分数部分の和が仮分数のときは，整数部分にくり上げます。
>
> $1\dfrac{7}{5} = 1 + \dfrac{7}{5} = 1 + 1\dfrac{2}{5} = 2\dfrac{2}{5}$

⑤ $2\dfrac{1}{4} + \dfrac{3}{4} = \boxed{}\dfrac{\boxed{}}{\boxed{}}$

$= \boxed{}$

↑
整数になる。

⑥ $2\dfrac{5}{6} + 1\dfrac{2}{6} = \boxed{3}\dfrac{\boxed{}}{\boxed{}}$

$= \boxed{}\dfrac{\boxed{}}{\boxed{}}$

2 計算をしましょう。

① $1\dfrac{4}{7} + 1\dfrac{1}{7}$

② $2\dfrac{1}{3} + 1\dfrac{1}{3}$

③ $1\dfrac{1}{8} + \dfrac{6}{8}$

④ $\dfrac{2}{6} + 2\dfrac{3}{6}$

⑤ $3 + 2\dfrac{1}{2}$

⑥ $1\dfrac{2}{3} + \dfrac{2}{3}$

⑦ $\dfrac{6}{8} + 2\dfrac{5}{8}$

⑧ $1\dfrac{3}{4} + \dfrac{1}{4}$

⑨ $2\dfrac{4}{5} + 1\dfrac{4}{5}$

⑩ $1\dfrac{2}{9} + 1\dfrac{7}{9}$

帯分数のたし算は
バッチリだね。

ドラゴンの ひみつ ホエーデスに出会ってしまった生き物は丸の みされ，底なしのやみにつかまってしまう。

答え合わせを したら㉔の シールをはろう！

25 帯分数のひき算

月　　日

答え **93** ページ

1 計算をしましょう。

① $3\dfrac{4}{5} - 1\dfrac{1}{5} = \boxed{2}\ \dfrac{\boxed{3}}{\boxed{5}}$

> 帯分数のたし算と同じように，整数部分と分数部分に分けて計算します。帯分数を仮分数になおして計算してもよいです。
>
> $3\dfrac{4}{5} - 1\dfrac{1}{5} = \dfrac{19}{5} - \dfrac{6}{5} = \dfrac{13}{5}\left(2\dfrac{3}{5}\right)$

② $2\dfrac{5}{6} - 1\dfrac{4}{6} = \boxed{}\ \dfrac{\boxed{}}{\boxed{}}$

③ $4\dfrac{6}{7} - \dfrac{2}{7} = \boxed{}\ \dfrac{\boxed{}}{\boxed{}}$

④ $3\dfrac{2}{3} - \dfrac{2}{3} = \boxed{}$

↑
整数になる。

⑤ $2\dfrac{2}{5} - \dfrac{4}{5} = \boxed{1}\ \dfrac{\boxed{7}}{\boxed{5}} - \dfrac{4}{5} = \boxed{}\ \dfrac{\boxed{}}{\boxed{}}$

> 分数部分がひけいないときは，整数部分から1くり下げて，分数部分を仮分数にして計算します。
>
> $2\dfrac{2}{5} = 1 + 1\dfrac{2}{5}$
> $= 1 + \dfrac{7}{5} = 1\dfrac{7}{5}$

⑥ $4\dfrac{1}{4} - 2\dfrac{2}{4} = \boxed{}\ \dfrac{\boxed{}}{\boxed{}} - 2\dfrac{2}{4} = \boxed{}\ \dfrac{\boxed{}}{\boxed{}}$

⑦ $3 - 1\dfrac{5}{8} = \boxed{2}\ \dfrac{\boxed{8}}{\boxed{8}} - 1\dfrac{5}{8} = \boxed{}\ \dfrac{\boxed{}}{\boxed{}}$

② 計算をしましょう。

① $4\dfrac{2}{3} - 2\dfrac{1}{3}$

② $1\dfrac{5}{7} - \dfrac{3}{7}$

③ $3\dfrac{6}{9} - \dfrac{4}{9}$

④ $3\dfrac{1}{2} - 1\dfrac{1}{2}$

⑤ $4\dfrac{5}{6} - 3$

⑥ $2\dfrac{2}{4} - \dfrac{3}{4}$

⑦ $1\dfrac{2}{5} - \dfrac{3}{5}$

⑧ $3\dfrac{2}{7} - 2\dfrac{4}{7}$

⑨ $2 - \dfrac{3}{8}$

この調子で
がんばれ！

⑩ $4 - 1\dfrac{1}{3}$

ドラゴンの ひみつ　ホエーデスは，丸のみした生き物をとかしてエネルギーにしている。

答え合わせを
したら㉕の
シールをはろう！

ドラゴンのバトル

① 計算した答えが大きいほうのこうげきに，色をぬりましょう。色をぬったこうげきの数が多いドラゴンの勝ちです。どちらが勝つでしょう？

アンクラー　　　　シュレード

バトル！

アンクラーのこうげき　　　　シュレードのこうげき

① $(8+7)×3$　　　$8+7×3$

② $3×(8-6)÷2$　　　$3×(8-6÷2)$

③ $(4×6-9)÷3$　　　$4×6-9÷3$

　　　　　　　　　の勝ち。

計算した答えが大きいほうのこうげきに，色をぬりましょう。色をぬったこうげきの数が多いドラゴンの勝ちです。どちらが勝つでしょう？

ゴルネイル

ホエーデス

バトル！

ゴルネイルのこうげき　　　　　ホエーデスのこうげき

① $\dfrac{7}{4} + \dfrac{3}{4}$ 　　 $1\dfrac{1}{4} + 1\dfrac{2}{4}$

② $\dfrac{9}{7} + \dfrac{8}{7}$ 　　 $1\dfrac{3}{7} + \dfrac{6}{7}$

③ $\dfrac{8}{3} - \dfrac{4}{3}$ 　　 $2\dfrac{1}{3} - \dfrac{2}{3}$

④ $\dfrac{14}{5} - \dfrac{4}{5}$ 　　 $4 - 1\dfrac{4}{5}$

の勝ち。

26 がい数の表し方

月　日

答え 94ページ

1 8452を四捨五入(ししゃごにゅう)して，がい数（およその数）にします。次の□にあてはまる数を書きましょう。

① 千の位(くらい)までのがい数にすると，百の位の数字は □ だから，切り捨(す)てて，□ と表せます。

四捨五入のしかた

ある位までのがい数で表すとき，そのすぐ下の位の数字が，
0，1，2，3，4
のときは切り捨てます。
5，6，7，8，9
のときは切り上げます。

② 上から2けたのがい数にすると，上から3けための数字は □ だから，切り上げて，□ と表せます。

2 次の数の百の位の数字を四捨五入して，がい数にしましょう。

① 3826
└8だから切り上げる。
4000

② 6149
└1だから切り捨てる。
□

③ 59270
□

④ 80624
□

3 次の数を四捨五入して，（　）の中の位までのがい数にしましょう。

① 273 （百の位）

がい数で表したい位の1つ下の位で四捨五入するよ。

② 6094 （千の位）

③ 82506 （千の位）

④ 34829 （一万の位）

4 次の数を四捨五入して，上から2けたのがい数にしましょう。

① 1835

② 4291

③ 70638

④ 56270

ドラゴンのひみつ

ホエーデスは，アメーバ状の生物にあやつられ，丸のみするえものを求めて移動する。

答え合わせをしたら㉖のシールをはろう！

小数のかけ算

1 計算をしましょう。

① $0.5 \times 3 =$ 〔1.5〕

> 0.5を10倍して，5×3の計算をして，その積15を10でわれば求められます。
>
> $0.5 \times 3 = \square$
> $\downarrow \times 10 \quad \downarrow \times 10 \quad \frac{1}{10}(\div 10)$
> $5 \times 3 = 15$

② $0.2 \times 4 =$

③ $0.4 \times 6 =$　④ $0.7 \times 8 =$

⑤ $0.9 \times 7 =$　⑥ $0.6 \times 5 =$

整数になる。

⑦ $0.03 \times 6 =$ 〔0.18〕

> 0.03を100倍して，3×6の計算をして，その積18を100でわれば求められます。
>
> $0.03 \times 6 = \square$
> $\downarrow \times 100 \quad \downarrow \times 100 \quad \frac{1}{100}(\div 100)$
> $3 \times 6 = 18$

⑧ $0.02 \times 3 =$

⑨ $0.05 \times 5 =$　⑩ $0.04 \times 7 =$

⑪ $0.08 \times 4 =$　⑫ $0.05 \times 8 =$

② 計算をしましょう。

① 0.4 × 2

② 0.3 × 3

③ 0.2 × 7

④ 0.6 × 4

⑤ 0.5 × 9

⑥ 0.8 × 6

⑦ 0.7 × 4

⑧ 0.9 × 8

⑨ 0.4 × 5

⑩ 0.5 × 6

⑪ 0.03 × 2

⑫ 0.02 × 2

⑬ 0.04 × 3

⑭ 0.06 × 7

⑮ 0.09 × 6

たくさん
がんばったね。
えらい！

⑯ 0.02 × 5

**ドラゴンの
ひみつ**　ホエーデスは，何百年も海の中をさまよい
続けていると言われている。

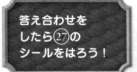

答え合わせを
したら㉗の
シールをはろう！

28 小数のかけ算の筆算①

1 計算をしましょう。

①
```
    4.6
×     3
  1 3 8
```

① 小数点を考えないで, 右にそろえて書く。
```
    4.6
×     3
```
→ **②** 整数のかけ算と同じように計算する。
```
    4.6
×     3
  1 3 8
```
→ **③** かけられる数にそろえて, 積の小数点をうつ。
```
    4.6
×     3
  1 3.8
```

②
```
    3.8
×     2
```

③
```
    2.9
×     6
```

④
```
    6.5
×     4
```
↑
終わりの0は, ななめの線で消す。

⑤
```
  1 4.3
×     5
```

⑥
```
  2 8.4
×     7
```

⑦
```
      3.9
×   4 5
  1 9 5
1 5 6
1 7 5.5
```

かけられる数やかける数のけた数がふえても, 筆算のしかたは同じだよ。

⑧
```
    2.6
× 3 4
```

⑨
```
    8.7
× 2 6
```

⑩
```
  3 8.4
×   2 3
```

② 計算をしましょう。

①
$$2.9 \times 3$$

②
$$5.7 \times 4$$

③
$$9.4 \times 5$$

④
$$19.3 \times 4$$

⑤
$$82.3 \times 7$$

⑥
$$42.5 \times 8$$

⑦
$$0.8 \times 76$$

⑧
$$4.9 \times 36$$

⑨
$$7.6 \times 45$$

⑩
$$23.6 \times 29$$

⑪
$$70.2 \times 37$$

⑫, ⑬は，一の位に0を書き，続けて十の位の計算をすればいいね。

⑫
$$41.7 \times 20$$

⑬
$$65.8 \times 40$$

72

① 計算をしましょう。

①
```
   3.6 2
 ×     4
```

整数のかけ算と同じように計算し，かけられる数にそろえて，積の小数点をうちます。

小数点以下のけた数がふえても，筆算のしかたは同じだよ。

②
```
   4.9 7
 ×     2
```

③
```
   7.5 9
 ×     6
```

④
```
   6.0 4
 ×     7
```

⑤
```
   0.2 8
 ×     3
```
一の位が0のときは，0を書く。

⑥
```
   3.7 5
 ×     4
```
終わりの0は，ななめの線で消す。

⑦
```
   5.3 6
 ×   4 3
```

⑧
```
   4.7 8
 ×   2 8
```

⑨
```
   2.5 4
 ×   3 2
```

⑩
```
   0.1 4
 ×   4 6
```

⑪
```
   8.2 6
 ×   2 5
```

⑫
```
   5.2 7
 ×   5 0
```

73

② 計算をしましょう。

①
```
  1.58
×    6
```

②
```
  9.37
×    2
```

③
```
  5.02
×    4
```

④
```
  0.23
×    4
```

⑤
```
  6.45
×    8
```

⑥
```
  2.17
×   34
```

⑦
```
  3.28
×   63
```

⑧
```
  0.84
×   96
```

⑨
```
  4.06
×   20
```

③ 1本の重さが3.25kgのやりがあります。このやり24本の重さは何kgになりますか。

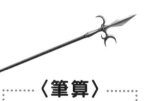

（式）

答え

〈筆算〉

ドラゴンの
ひみつ

ヴァルバロンは，ふだんはだれも知らない
深い海のどうくつでねむっている。

答え合わせを
したら㉙の
シールをはろう！

1 計算をしましょう。

① $1.2 \div 6 =$ `0.2`

> 1.2を10倍して，12÷6の計算をして，その商2を10でわれば求められます。
> $1.2 \div 6 = \square$
> $\downarrow \times 10 \quad \downarrow \times 10 \quad \frac{1}{10}(\div 10)$
> $12 \div 6 = 2$

② $0.8 \div 2 =$

③ $3.5 \div 5 =$ 　　　④ $2.7 \div 9 =$

⑤ $3.6 \div 3 =$ 　　　⑥ $6.8 \div 2 =$

⑦ $0.18 \div 3 =$ `0.06`

> 0.18を100倍して，18÷3の計算をして，その商6を100でわれば求められます。
> $0.18 \div 3 = \square$
> $\downarrow \times 100 \quad \downarrow \times 100 \quad \frac{1}{100}(\div 100)$
> $18 \div 3 = 6$

⑧ $0.06 \div 2 =$

⑨ $0.28 \div 4 =$ 　　　⑩ $0.32 \div 8 =$

⑪ $0.45 \div 5 =$ 　　　⑫ $0.56 \div 7 =$

② 計算をしましょう。

① $0.6 \div 3$

② $0.8 \div 8$

③ $2.5 \div 5$

④ $2.8 \div 7$

⑤ $3.2 \div 4$

⑥ $5.4 \div 9$

⑦ $7.2 \div 8$

⑧ $4.8 \div 4$

⑨ $2.8 \div 2$

⑩ $6.9 \div 3$

⑪ $0.08 \div 4$

⑫ $0.09 \div 3$

⑬ $0.12 \div 2$

⑭ $0.24 \div 6$

⑮ $0.35 \div 7$

小数のわり算も、
整数のわり算に
なおして計算で
きるんだね。

⑯ $0.63 \div 9$

ドラゴンの ひみつ　ヴァルバロンがねむりからさめると、世界中の海がとつぜん大きくあれる。

答え合わせを
したら㉚の
シールをはろう！

1 計算をしましょう。

①

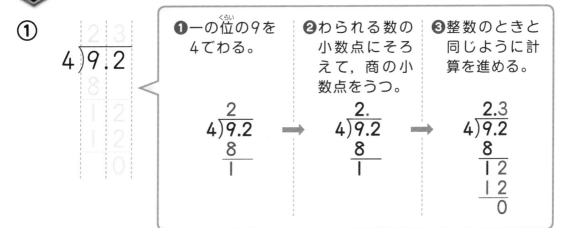

❶一の位の9を 4でわる。

❷わられる数の 小数点にそろ えて，商の小 数点をうつ。

❸整数のときと 同じように計 算を進める。

商は十の位からたつ。

② 6)7.2

③ 3)17.1

④ 5)67.5

⑤ 27)62.1

⑥ 32)19.2

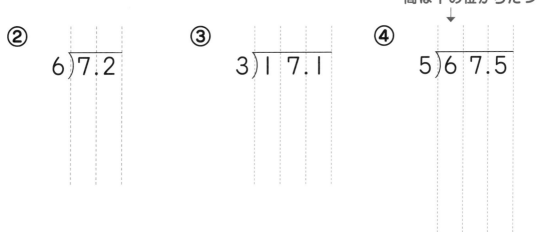

わられる数の19は， わる数の32より小 さいので，商の一 の位に0を書き，小 数点をうってから 計算を進めます。

② 計算をしましょう。

①
$$2\overline{)7.4}$$

> 小数点をうつこと以外は，整数のわり算と同じように計算すればいいんだね。

②
$$5\overline{)31.5}$$

③
$$8\overline{)39.2}$$

④
$$4\overline{)94.4}$$

⑤
$$3\overline{)62.1}$$

⑥
$$24\overline{)76.8}$$

⑦
$$53\overline{)74.2}$$

⑧
$$16\overline{)76.8}$$

⑨
$$23\overline{)9.2}$$

⑩
$$48\overline{)38.4}$$

ドラゴンのひみつ ヴァルバロンは，海をあらすものに対して，だれであろうと容しゃなくこうげきする。

答え合わせをしたら㉛のシールをはろう！

32 小数のわり算の筆算②

1 計算をしましょう。

①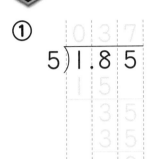

$$5\overline{)1.85}$$

小数点以下のけた数が
ふえても，筆算のしか
たは同じだよ。

商は一の位からたつ。
↓

② $2\overline{)0.92}$

③ 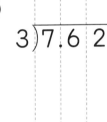　$3\overline{)7.62}$

④ $24\overline{)6.72}$

⑤ $17\overline{)0.85}$

⑥ $8\overline{)0.384}$

⑦ $26\overline{)0.156}$

2 計算をしましょう。

① $7\overline{)3.43}$

② $3\overline{)8.04}$

③ $18\overline{)8.46}$

④ $46\overline{)3.68}$

⑤ $4\overline{)0.972}$

⑥ $67\overline{)0.469}$

3 9.75kgの砂金(さきん)を，15人で等分します。1人分は何kgになりますか。

〈筆算〉

（式）

答え

ドラゴンのひみつ

ヴァルバロンの発光器官(きかん)を見た敵(てき)は，正気を失(うしな)ってしまう。

答え合わせをしたら㉜のシールをはろう！

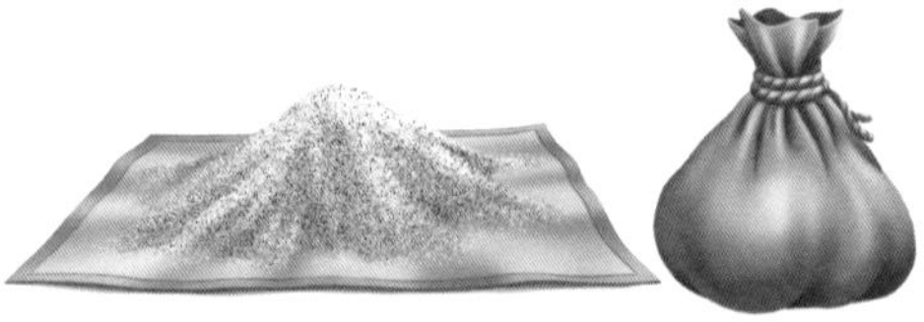

小数のわり算の筆算③

1 商は一の位まで求めて，あまりも出しましょう。
また，けん算もしましょう。

①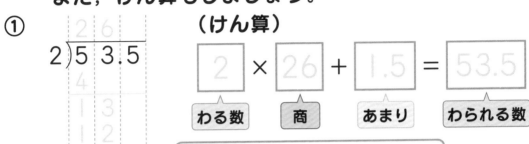

（けん算）

あまりの小数点は，わられる数の
小数点にそろえてうちます。

②
$$6 \overline{)80.4}$$

③
$$9 \overline{)63.6}$$

一の位に0を書いて，
小数点をうつ。

（けん算）

（けん算）

④
$$34 \overline{)73.7}$$

⑤
$$16 \overline{)76.3}$$

（けん算）

（けん算）

2 商は一の位まで求めて，あまりも出しましょう。

① $5\overline{)39.2}$

② $9\overline{)38.6}$

あまりの小数点の
うちわすれに
注意しよう。

③ $3\overline{)82.3}$

④ $7\overline{)98.5}$

⑤ $28\overline{)87.1}$

⑥ $32\overline{)89.2}$

⑦ $18\overline{)90.7}$

3 水が59.2dLあります。この水を，1人に8dLずつ
配ると，何人に分けられて，何dL
あまりますか。

〈筆算〉

（式）

答え

34 小数のわり算の筆算④

1 わりきれるまで計算しましょう。

① 4) 5.4

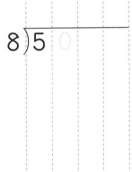

❶5.4÷4を計算する。

❷5.4を5.40と考えて、わり算を続ける。

② 5) 1.9

③ 8) 5

わられる数の右に0をつけたしていけば、わり算を続けられるよ。

④ 26) 5 5.9

⑤ 18) 4.5

⑥ 32) 2.4

2 わりきれるまで計算しましょう。

①
$$6 \overline{)8.7}$$

②
$$5 \overline{)3.9}$$

③
$$8 \overline{)2.6}$$

④
$$35 \overline{)7\ 5.6}$$

⑤
$$25 \overline{)2}$$

⑥
$$16 \overline{)7.6}$$

3 城の高さは46mで，家の高さは8mです。城の高さは，家の高さの何倍ですか。小数で求めましょう。

〈筆算〉

（式）

答え

ドラゴンの
ひみつ

一度ヴァルバロンの吸ばんにつかまると，
ぜったいににげることはできない。

答え合わせを
したら㉞の
シールをはろう！

小数のわり算の筆算⑤

1 商は四捨五入して，上から2けたのがい数で求めましょう。

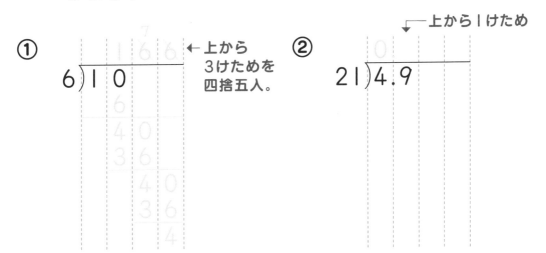

① ← 上から3けためを四捨五入。

$6)\overline{10}$

② ← 上から1けため

$21)\overline{4.9}$

2 商は四捨五入して，$\frac{1}{10}$の位までのがい数で求めましょう。

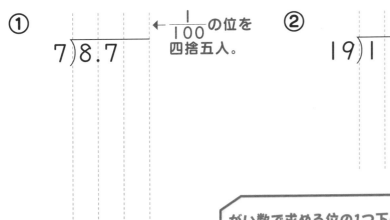

① ← $\frac{1}{100}$の位を四捨五入。

$7)\overline{8.7}$

② $19)\overline{11}$

がい数で求める位の1つ下の位まで計算し，その位の数字を四捨五入すればいいんだね。

③ 商は四捨五入して，①～③は上から2けたのがい数で，④～⑥は$\frac{1}{10}$の位までのがい数で求めましょう。

①

3)6.8

②

29)3 5.8

③

35)1 7

④

9)2 9.2

⑤

14)4 2.8

⑥

23)1 2

④ 7Lの重さが6.2kgの米があります。この米1Lの重さは，およそ何kgですか。答えは四捨五入して，上から2けたのがい数で求めましょう。

〈筆算〉

（式）

答え　約

ドラゴンの ひみつ　ヴァルバロンは，念力で巨大なうず潮を発生させることができる。

答え合わせをしたら㉟のシールをはろう！

まとめテスト②

答え **95** ページ

1 商を整数で求め，わりきれないときはあまりも出しましょう。

①

$$3\overline{)83}$$

②

$$4\overline{)952}$$

③

$$7\overline{)563}$$

④

$$24\overline{)86}$$

⑤

$$65\overline{)486}$$

⑥

$$16\overline{)768}$$

2 計算をしましょう。

① $75 + 25 \times 4$

② $420 \div (84 - 14)$

③ $10 \times 15 - 12 \div 3$

④ $100 - (25 + 5 \times 3)$

3 計算をしましょう。

① $\dfrac{3}{4} + \dfrac{6}{4}$

② $\dfrac{7}{5} - \dfrac{2}{5}$

③ $\dfrac{5}{9} + 1\dfrac{8}{9}$

④ $3 - \dfrac{3}{7}$

4 計算をしましょう。わり算は，わりきれるまで計算しましょう。

①
```
  8.54
+ 2.78
```

②
```
  0.963
+ 5.247
```

③
```
  12
-  6.46
```

④
```
  6.4
× 5 7
```

⑤
```
  2.69
×   28
```

⑥
```
  0.75
×   64
```

⑦ $4\,)\overline{8\,3.2}$

⑧ $17\,)\overline{7.1\,4}$

⑨ $28\,)\overline{4\,6.2}$

1 大きな数のかけ算 13 ページ

1 ① 189462　② 89776
　③ 257935　④ 180908
　⑤ 105413　⑥ 90270

2 ① 1665000　② 78000
　③ 470000　④ 552000
　⑤ 2553000　⑥ 1634000
　⑦ 4350000

アドバイス 1 の⑥は，積(せき)が0に
なる計算を省(はぶ)いて，次のように計算
できます。

```
    2 9 5            2 9 5
  × 3 0 6          × 3 0 6
  1 7 7 0          1 7 7 0
  0 0 0 ←この計算を   8 8 5
8 8 5    省く。     9 0 2 7 0
9 0 2 7 0
```

2 何十，何百のわり算 15 ページ

1 ① 40　②30　③20
　④90　⑤50
　⑥300　⑦400　⑧200
　⑨700　⑩800

2 ① 20　②40　③20
　④30　⑤60　⑥50
　⑦40　⑧80　⑨60
　⑩50　⑪300　⑫200
　⑬200　⑭600　⑮300
　⑯800　⑰700　⑱400

3 2けた÷1けたの筆算① 17 ページ

1 ① 25　②13　③37　④15
　⑤28　⑥16　⑦14

2 ① 15あまり2　②23あまり2
　③16あまり3　④27あまり1

3 ① 4×15+2=62
　② 3×23+2=71
　③ 5×16+3=83
　④ 2×27+1=55

4 2けた÷1けたの筆算② 19 ページ

1 ① 32あまり1　②20あまり2
　③11あまり3　④32
　⑤11あまり1　⑥40あまり1
　⑦10あまり4　⑧20

2 ① 39　②12
　③18あまり2　④23あまり1
　⑤13あまり3　⑥42
　⑦12あまり1　⑧30

3 63÷6=10あまり3
　10人に分けられて，3本あまる。

アドバイス 1 の②，⑥～⑧は，
商の一の位(くらい)に0がたちます。

```
⑧      2 0 ←商の一の位は，
   4)8 0    0÷4で0を
     8      たてる。
     0
     0 ←4×0=0
     0 ←0-0=0
```

⓫ 何十でわる計算　　35ページ

1 ①4　②2　③3　④6　⑤5
　　⑥4あまり10　⑦2あまり10
　　⑧3あまり20　⑨6あまり40

2 ①3　②2　③7　④9　⑤4
　　⑥6　⑦9　⑧4　⑨5　⑩8

3 ①3あまり10　②2あまり20
　　③5あまり30　④9あまり30
　　⑤6あまり20　⑥4あまり50

⓬ 2けた÷2けたの筆算①　　37ページ

1 ①3あまり2　　②2
　　③3あまり1　　④2あまり5
　　⑤3　　　　　⑥2あまり3
　　⑦1あまり8

2 2あまり3
　　けん算…42×2+3=87

3 ①3　　　　　②2あまり2
　　③4　　　　　④4あまり3
　　⑤3　　　　　⑥2あまり6
　　⑦1あまり18

4 ①2あまり5
　　　けん算…31×2+5=67
　　②3あまり4
　　　けん算…23×3+4=73

⓭ 2けた÷2けたの筆算②　　39ページ

1 ①3あまり14　②4
　　③2あまり29　④4あまり9
　　⑤4あまり2　⑥3
　　⑦2あまり2　⑧4あまり2

2 ①4あまり8　　②2あまり27
　　③2あまり17　④3あまり19

　　⑤5　　　　　⑥1あまり30
　　⑦6あまり8　⑧2あまり2
　　⑨5あまり4　⑩3
　　⑪4あまり6　⑫3あまり5
　　⑬5

⓮ 2けた÷2けたの筆算③　　41ページ

1 ①3あまり8　　②3あまり3
　　③2あまり12　④6
　　⑤4あまり1　⑥3あまり13
　　⑦2あまり7　⑧3あまり14

2 ①3あまり6　　②2あまり21
　　③4あまり5　④3あまり6
　　⑤2あまり10　⑥3あまり12
　　⑦4あまり3　⑧2あまり8
　　⑨6

3 80÷15=5あまり5　　　5つ

⓯ 3けた÷2けたの筆算①　　43ページ

1 ①7あまり8　　②4
　　③5あまり5　④7あまり45
　　⑤3あまり23　⑥5
　　⑦6あまり5　⑧9あまり14

2 ①4　　　　　②3あまり9
　　③4あまり18　④6あまり38
　　⑤8あまり5　⑥5
　　⑦7あまり12　⑧9あまり24
　　⑨8あまり7

3 120÷16=7あまり8　　　8箱

アドバイス **3**は，「7あまり8」より，16本入りの箱が7箱できて8本あまります。あまった8本を入れるのにもう1箱必要なので，答えは7+1=8より8箱です。

16 3けた÷2けたの筆算② 45ページ

1
① 23あまり2　② 16
③ 28あまり17　④ 45あまり8
⑤ 30あまり12　⑥ 20
⑦ 50あまり5　⑧ 30あまり10

2
① 16　　　　② 43あまり8
③ 58あまり2　④ 35あまり5
⑤ 20　　　　⑥ 40あまり10

3
① 8あまり9　　② 14あまり2
③ 10あまり14　④ 7あまり5

17 大きな数のわり算の筆算 47ページ

1
① 235　　　　② 164あまり8
③ 273あまり3　④ 207あまり4
⑤ 46　　　　⑥ 68あまり7
⑦ 60あまり12

2
① 3あまり7　　② 2
③ 5あまり8　　④ 5あまり23
⑤ 3あまり4　　⑥ 4
⑦ 32　　　　⑧ 16あまり12
⑨ 43あまり9　⑩ 20あまり14

18 わり算のせいしつとくふう 49ページ

1
① 3, 3, 3
② 6, 600÷100=6
③ 7, 21÷3=7

2
① 2　② 8　③ 6　④ 3
⑤ 4　⑥ 16

3
① 14あまり300　② 26
③ 13あまり400
④ 26あまり200　⑤ 70
⑥ 86あまり40

19 計算のじゅんじょ 51ページ

1
① 200, 470　② 100, 80
③ 69,60,129　④ 5,35,15

2
① 160　② 12　③ 280
④ 135　⑤ 27　⑥ 7　⑦ 13

3
120−18×5=30　30ページ

20 計算のきまりとくふう 53ページ

1
① 100,198　② 24,60,420
③ 56, 30, 270
④ 2, 1500, 30, 1530
⑤ 27, 2700, 27, 2673

2
① 4700　② 186　③ 39000
④ 600　⑤ 48　⑥ 2600
⑦ 4410

21 まとめテスト① 55ページ

1
① 389572　② 95108
③ 352055

2
① 24あまり2　② 257
③ 48あまり4

3
①
$$\begin{array}{r} 6.78 \\ +\ 8.42 \\ \hline 15.20 \end{array}$$
②
$$\begin{array}{r} 10.3 \\ -\ 9.62 \\ \hline 0.68 \end{array}$$

4
① 3あまり14　② 6
③ 47あまり8　④ 30あまり15
⑤ 4　　　　⑥ 25あまり177

5
① 90　　　　② 92

6
① 5700　　　② 3430

22 分数のしくみ　57ページ

1. 真分数…ウ　仮分数…ア,エ
　　帯分数…イ

2. ① $\frac{2}{5}$, $1\frac{2}{5}$　② 7, $\frac{7}{5}$

3. ア 帯分数…$1\frac{3}{7}$　仮分数…$\frac{10}{7}$
　　イ 帯分数…$2\frac{1}{7}$　仮分数…$\frac{15}{7}$

4. ① $\frac{13}{5}$　② $\frac{3}{2}$　③ $\frac{11}{4}$　④ $\frac{23}{7}$

　⑤ $1\frac{2}{3}$　⑥ $1\frac{1}{4}$　⑦ $2\frac{3}{8}$　⑧ 3

23 仮分数のたし算とひき算　59ページ

1. ① $\frac{7}{5}$　　　　② $\frac{9}{8}\left(1\frac{1}{8}\right)$

　③ $\frac{12}{7}\left(1\frac{5}{7}\right)$　④ $\frac{11}{4}\left(2\frac{3}{4}\right)$

　⑤ $\frac{9}{3}$, 3　⑥ $\frac{5}{6}$

　⑦ $\frac{3}{4}$　⑧ $\frac{11}{8}\left(1\frac{3}{8}\right)$

　⑨ $\frac{3}{3}$, 1　⑩ $\frac{8}{4}$, 2

2. ① $\frac{11}{9}\left(1\frac{2}{9}\right)$　② $\frac{7}{3}\left(2\frac{1}{3}\right)$

　③ $\frac{13}{6}\left(2\frac{1}{6}\right)$　④ 3

　⑤ $\frac{3}{8}$　⑥ 1

　⑦ $\frac{8}{7}\left(1\frac{1}{7}\right)$　⑧ 2

3. $\frac{11}{5}-\frac{3}{5}=\frac{8}{5}\left(1\frac{3}{5}\right)$

　　　　　　$\frac{8}{5}\left(1\frac{3}{5}\right)$km

24 帯分数のたし算　61ページ

1. ① $3\frac{3}{4}$　② $3\frac{5}{7}$　③ $1\frac{8}{9}$

　④ $1\frac{7}{5}$, $2\frac{2}{5}$　⑤ $2\frac{4}{4}$, 3

　⑥ $3\frac{7}{6}$, $4\frac{1}{6}$

2. ① $2\frac{5}{7}\left(\frac{19}{7}\right)$　② $3\frac{2}{3}\left(\frac{11}{3}\right)$

　③ $1\frac{7}{8}\left(\frac{15}{8}\right)$　④ $2\frac{5}{6}\left(\frac{17}{6}\right)$

　⑤ $5\frac{1}{2}\left(\frac{11}{2}\right)$　⑥ $2\frac{1}{3}\left(\frac{7}{3}\right)$

　⑦ $3\frac{3}{8}\left(\frac{27}{8}\right)$　⑧ 2

　⑨ $4\frac{3}{5}\left(\frac{23}{5}\right)$　⑩ 3

アドバイス　2の⑥~⑩は,分数部分の和が仮分数になるので,整数部分にくり上げます。注意しましょう。

25 帯分数のひき算　63ページ

1. ① $2\frac{3}{5}$　② $1\frac{1}{6}$　③ $4\frac{4}{7}$　④ 3

　⑤ $1\frac{7}{5}$, $1\frac{3}{5}$　⑥ $3\frac{5}{4}$, $1\frac{3}{4}$

　⑦ $2\frac{8}{8}$, $1\frac{3}{8}$

2. ① $2\frac{1}{3}\left(\frac{7}{3}\right)$　② $1\frac{2}{7}\left(\frac{9}{7}\right)$

　③ $3\frac{2}{9}\left(\frac{29}{9}\right)$　④ 2

　⑤ $1\frac{5}{6}\left(\frac{11}{6}\right)$　⑥ $1\frac{3}{4}\left(\frac{7}{4}\right)$

　⑦ $\frac{4}{5}$　　　　⑧ $\frac{5}{7}$

　⑨ $1\frac{5}{8}\left(\frac{13}{8}\right)$　⑩ $2\frac{2}{3}\left(\frac{8}{3}\right)$

⑩684.4 ⑪2597.4
⑫834 ⑬2632

26 がい数の表し方　67ページ

1
①4，8000 ②5，8500

2
①4000　②6000
③59000　④81000

3
①300　②6000
③83000　④30000

4
①1800　②4300
③71000　④56000

27 小数のかけ算　69ページ

1
①1.5　②0.8　③2.4
④5.6　⑤6.3　⑥3
⑦0.18　⑧0.06　⑨0.25
⑩0.28　⑪0.32　⑫0.4

2
①0.8　②0.9　③1.4
④2.4　⑤4.5　⑥4.8
⑦2.8　⑧7.2　⑨2
⑩3　⑪0.06　⑫0.04
⑬0.12　⑭0.42　⑮0.54
⑯0.1

アドバイス **1**の⑫は「0.40」になるので「0.4」、**2**の⑯は「0.10」になるので「0.1」です。

28 小数のかけ算の筆算①　71ページ

1
①13.8　②7.6　③17.4
④26　⑤71.5　⑥198.8
⑦175.5　⑧88.4　⑨226.2
⑩883.2

2
①8.7　②22.8　③47
④77.2　⑤576.1　⑥340
⑦60.8　⑧176.4　⑨342

29 小数のかけ算の筆算②　73ページ

1
①14.48　②9.94　③45.54
④42.28　⑤0.84　⑥15
⑦230.48　⑧133.84
⑨81.28　⑩6.44　⑪206.5
⑫263.5

2
①9.48　②18.74　③20.08
④0.92　⑤51.6　⑥73.78
⑦206.64　⑧80.64　⑨81.2

3　3.25×24＝78　　78kg

30 小数のわり算　75ページ

1
①0.2　②0.4　③0.7
④0.3　⑤1.2　⑥3.4
⑦0.06　⑧0.03　⑨0.07
⑩0.04　⑪0.09　⑫0.08

2
①0.2　②0.1　③0.5
④0.4　⑤0.8　⑥0.6
⑦0.9　⑧1.2　⑨1.4
⑩2.3　⑪0.02　⑫0.03
⑬0.06　⑭0.04　⑮0.05
⑯0.07

31 小数のわり算の筆算①　77ページ

1
①2.3　②1.2　③5.7
④13.5　⑤2.3　⑥0.6

2
①3.7　②6.3　③4.9
④23.6　⑤20.7　⑥3.2
⑦1.4　⑧4.8　⑨0.4
⑩0.8

32 小数のわり算の筆算② 79ページ

1 ① 0.37 ② 0.46 ③ 2.54
④ 0.28 ⑤ 0.05 ⑥ 0.048
⑦ 0.006

2 ① 0.49 ② 2.68 ③ 0.47
④ 0.08 ⑤ 0.243 ⑥ 0.007

3 9.75÷15＝0.65   0.65kg

33 小数のわり算の筆算③ 81ページ

1 ① 26あまり1.5
　けん算…2×26＋1.5＝53.5
② 13あまり2.4
　けん算…6×13＋2.4＝80.4
③ 7あまり0.6
　けん算…9×7＋0.6＝63.6
④ 2あまり5.7
　けん算…34×2＋5.7＝73.7
⑤ 4あまり12.3
　けん算…16×4＋12.3＝76.3

2 ① 7あまり4.2 ② 4あまり2.6
③ 27あまり1.3 ④ 14あまり0.5
⑤ 3あまり3.1 ⑥ 2あまり25.2
⑦ 5あまり0.7

3 59.2÷8＝7あまり3.2
7人に分けられて，3.2dLあまる。

34 小数のわり算の筆算④ 83ページ

1 ① 1.35 ② 0.38 ③ 0.625
④ 2.15 ⑤ 0.25 ⑥ 0.075

2 ① 1.45 ② 0.78 ③ 0.325
④ 2.16 ⑤ 0.08 ⑥ 0.475

3 46÷8＝5.75   5.75倍

アドバイス **3**のように，何倍かを表す数が小数になることもあります。

35 小数のわり算の筆算⑤ 85ページ

1 ① 1.7 ② 0.23

2 ① 1.2 ② 0.6

3 ① 2.3 ② 1.2 ③ 0.49
④ 3.2 ⑤ 3.1 ⑥ 0.5

4 6.2÷7＝0.885… 約0.89kg

アドバイス **3**で，商を四捨五入する位まで求めると，次のようになります。
① 2.26 ② 1.23 ③ 0.485
④ 3.24 ⑤ 3.05 ⑥ 0.52

36 まとめテスト② 87ページ

1 ① 27あまり2 ② 238
③ 80あまり3 ④ 3あまり14
⑤ 7あまり31 ⑥ 48

2 ① 175 ② 6 ③ 146 ④ 60

3 ① $\frac{9}{4}\left(2\frac{1}{4}\right)$ ② 1
③ $2\frac{4}{9}\left(\frac{22}{9}\right)$ ④ $2\frac{4}{7}\left(\frac{18}{7}\right)$

4 ① 11.32 ② 6.21 ③ 5.54
④ 364.8 ⑤ 75.32 ⑥ 48
⑦ 20.8 ⑧ 0.42 ⑨ 1.65

アドバイス 4年生で学習する計算をまとめたテストです。苦手な計算があったら，もどって練習し，できるようにしておきましょう。

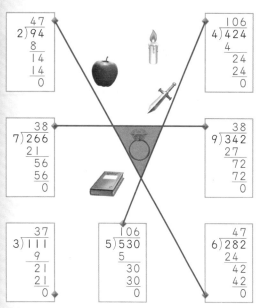

①

$$\begin{array}{r} 47 \\ 2\overline{)94} \\ 8 \\ \hline 14 \\ 14 \\ \hline 0 \end{array}$$

$$\begin{array}{r} 106 \\ 4\overline{)424} \\ 4 \\ \hline 24 \\ 24 \\ \hline 0 \end{array}$$

$$\begin{array}{r} 38 \\ 7\overline{)266} \\ 21 \\ \hline 56 \\ 56 \\ \hline 0 \end{array}$$

$$\begin{array}{r} 38 \\ 9\overline{)342} \\ 27 \\ \hline 72 \\ 72 \\ \hline 0 \end{array}$$

$$\begin{array}{r} 37 \\ 3\overline{)111} \\ 9 \\ \hline 21 \\ 21 \\ \hline 0 \end{array}$$

$$\begin{array}{r} 106 \\ 5\overline{)530} \\ 5 \\ \hline 30 \\ 30 \\ \hline 0 \end{array}$$

$$\begin{array}{r} 47 \\ 6\overline{)282} \\ 24 \\ \hline 42 \\ 42 \\ \hline 0 \end{array}$$

②

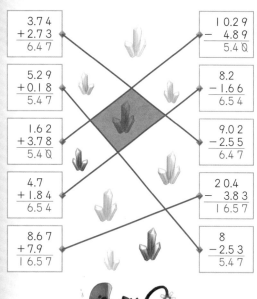

$$\begin{array}{r} 3.74 \\ +2.73 \\ \hline 6.47 \end{array}$$

$$\begin{array}{r} 10.29 \\ -\ 4.89 \\ \hline 5.40 \end{array}$$

$$\begin{array}{r} 5.29 \\ +0.18 \\ \hline 5.47 \end{array}$$

$$\begin{array}{r} 8.2 \\ -1.66 \\ \hline 6.54 \end{array}$$

$$\begin{array}{r} 1.62 \\ +3.78 \\ \hline 5.40 \end{array}$$

$$\begin{array}{r} 9.02 \\ -2.55 \\ \hline 6.47 \end{array}$$

$$\begin{array}{r} 4.7 \\ +1.84 \\ \hline 6.54 \end{array}$$

$$\begin{array}{r} 20.4 \\ -\ 3.83 \\ \hline 16.57 \end{array}$$

$$\begin{array}{r} 8.67 \\ +7.9 \\ \hline 16.57 \end{array}$$

$$\begin{array}{r} 8 \\ -2.53 \\ \hline 5.47 \end{array}$$

アンクラー

②

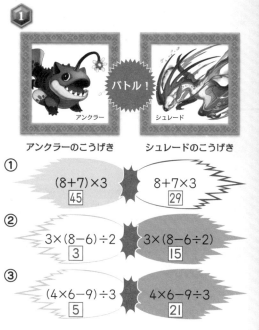

アンクラー　　シュレード

バトル！

アンクラーのこうげき　　シュレードのこうげき

① $(8+7)×3$ $\boxed{45}$　　$8+7×3$ $\boxed{29}$

② $3×(8-6)÷2$ $\boxed{3}$　　$3×(8-6÷2)$ $\boxed{15}$

③ $(4×6-9)÷3$ $\boxed{5}$　　$4×6-9÷3$ $\boxed{21}$

シュレードの勝ち。

※□の中の数字は計算の答えです。

②

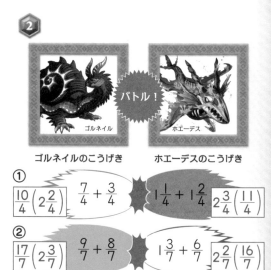

ゴルネイル　　ホエーデス

バトル！

ゴルネイルのこうげき　　ホエーデスのこうげき

① $\boxed{\dfrac{10}{4}}\left(2\dfrac{2}{4}\right)$ $\dfrac{7}{4}+\dfrac{3}{4}$　　$1\dfrac{1}{4}+1\dfrac{2}{4}$ $2\dfrac{3}{4}\left(\dfrac{11}{4}\right)$

② $\boxed{\dfrac{17}{7}}\left(2\dfrac{3}{7}\right)$ $\dfrac{9}{7}+\dfrac{8}{7}$　　$1\dfrac{3}{7}+\dfrac{6}{7}$ $2\dfrac{2}{7}\left(\dfrac{16}{7}\right)$

③ $\boxed{\dfrac{4}{3}}\left(1\dfrac{1}{3}\right)$ $\dfrac{8}{3}-\dfrac{4}{3}$　　$2\dfrac{1}{3}-\dfrac{2}{3}$ $1\dfrac{2}{3}\left(\dfrac{5}{3}\right)$

④ $\boxed{2}$ $\dfrac{14}{5}-\dfrac{4}{5}$　　$4-1\dfrac{4}{5}$ $2\dfrac{1}{5}\left(\dfrac{11}{5}\right)$

ホエーデスの勝ち。